FUNKTIONEN UND IHRE DAR-
STELLUNG IM SCHAUBILD
S. 3
NULL- UND SCHNITTSTELLEN
IM SCHAUBILD
S. 9
SINUSFUNKTION
S. 13
LIMES
UND GRENZWERTE
S. 21

MARTIN KRAMER
MARLIN VAN SOEST

Frederiks mathematische Abenteuer

DAS GEHEIMNIS DER ANALYSIS

Klett | Kallmeyer

Bibliografische Information der Deutschen Nationalbibliothek
Die Deutsche Nationalbibliothek verzeichnet diese Publikation in der Deutschen Nationalbibliografie; detaillierte bibliografische Daten sind im Internet über http://dnb.d-nb.de abrufbar.

Impressum

Martin Kramer, Marlin van Soest
Frederiks mathematische Abenteuer
Das Geheimnis der Analysis

3. Auflage 2022

Illustrationen: Marlin van Soest
Realisation: Nicole Neumann
Druck: Beltz Grafische Betriebe GmbH, Bad Langensalza
Printed in Germany

ISBN: 978-3-7727-1076-6

FUNKTIONEN UND IHRE DARSTELLUNG IM SCHAUBILD ODER FREDERIK AUS ANALYSIEN

UNSERE GESCHICHTE SPIELT IN EINEM FERNEN LAND...
...FÜR DEN EIN ODER ANDEREN LESER EIN WEITGEHEND UNERFORSCHTES GEBIET.

WIR BEGINNEN IM HERZEN JENES LANDES, DER HEIMAT UNSERES HELDEN...
ANALYSIEN

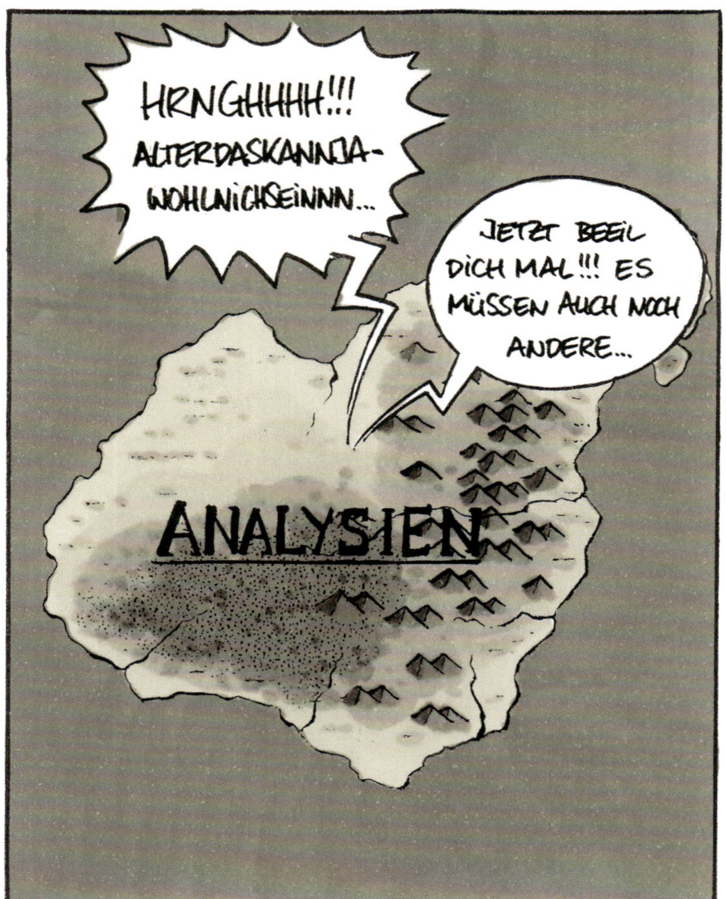
HRNGHHHH!!! ALTERDASKANNJAWOHLNICHSEINNN...
JETZT BEEIL DICH MAL!!! ES MÜSSEN AUCH NOCH ANDERE...
ANALYSIEN

DAS IST FREDERIK.
ÄHH... Hiii!!!
DAS HERZSTÜCK UNSERER GESCHICHTE IST ALSO EINE GANZ ALLTÄGLICHE SACHE!

DER INPUT IST ALSO X.
FREDERIK MACHT ETWAS MIT DIESEM X – WIR SEHEN HIER SEINE HÄNDE:

$$x \to (x)$$

UND DAMIT WIR SEHEN, WER FÜR DEN OUTPUT VERANTWORTLICH IST, SCHREIBEN WIR EIN f FÜR FREDERIK DAVOR:

$$f(x)$$

MATHEMATISCH GESEHEN SIEHT DAS DANN SO AUS:

$$x \mapsto \boxed{f} \to f(x)$$

ODER KÜRZER:

$$f: x \mapsto f(x)$$

... DIESE VERDOPPELN EINFACH ALLES.

MATHEMATISCH BETRACHTET SIEHT DAS GANZE DANN SO AUS:

$$x \longmapsto \boxed{g} \longrightarrow 2x$$

BZW. $g(x) = 2x$
$g(3) = 6$

DAS SIEHT DANN SO AUS:

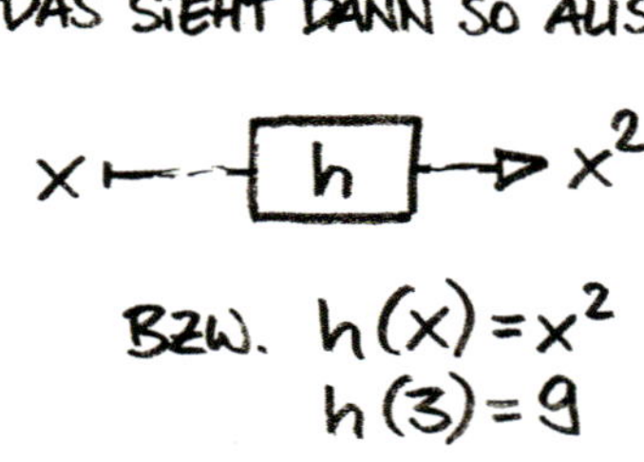

$$x \longmapsto \boxed{h} \longrightarrow x^2$$

BZW. $h(x) = x^2$
$h(3) = 9$

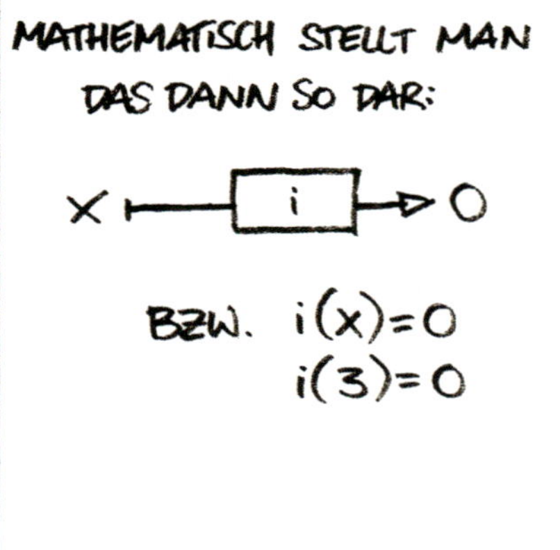

MATHEMATISCH STELLT MAN DAS DANN SO DAR:

$$x \longmapsto \boxed{i} \longrightarrow 0$$

BZW. $i(x) = 0$
$i(3) = 0$

BETRACHTET MAN DAS MATHEMATISCH, DANN SIEHT DAS SO AUS:

$$x \longmapsto \boxed{j} \longrightarrow x$$

BZW. $j(x) = x$
$j(3) = 3$

MAN NENNT JANNICK AUCH DIE IDENTITÄT.

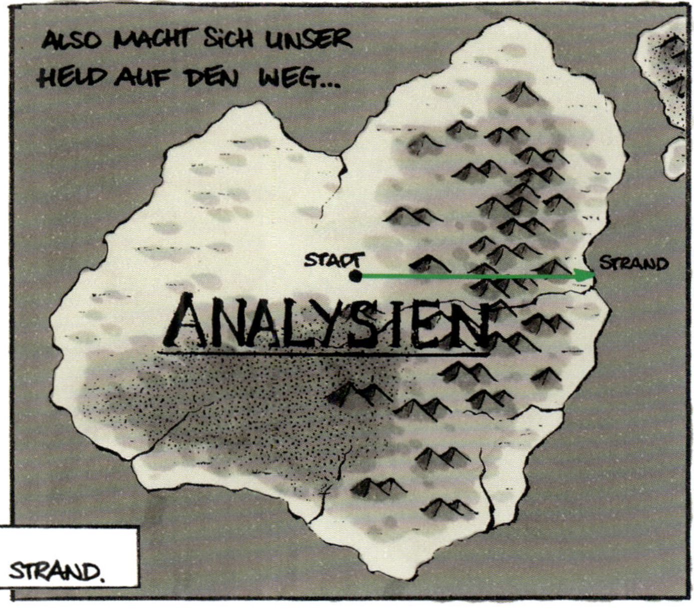

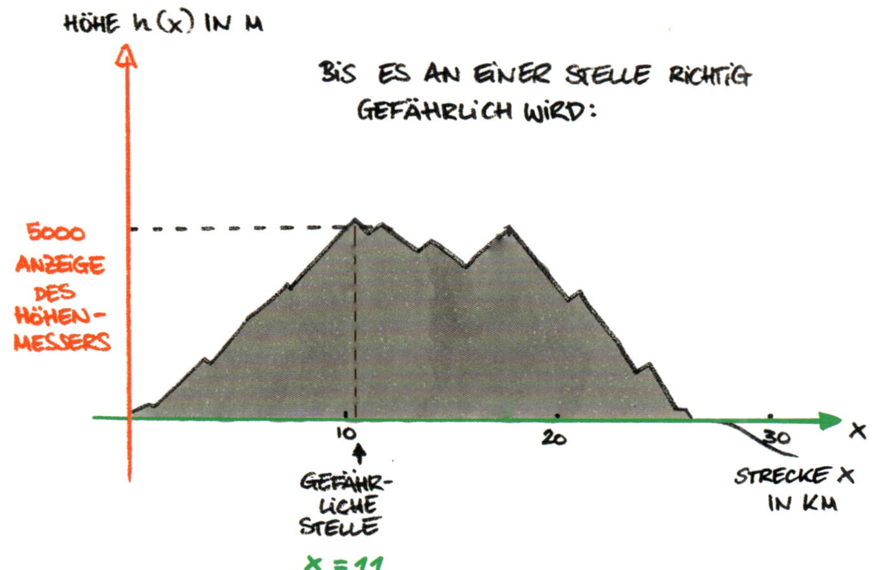

AUCH DER HÖHENMESSER IST EINE FUNKTION:

STELLE x ⟶ HÖHENMESSER h ⟶ h(x) HÖHE

MIT LETZTER KRAFT SCHAFFT ER ES UND HAT DAS GEBIRGE ÜBERWUNDEN...

MIT LETZTER KRAFT SCHAFFT ER ES UND HAT DAS GEBIRGE ÜBERWUNDEN...

NULL- UND SCHNITTSTELLEN VON SCHAUBILDERN ODER FREDERIKS UNFALL

...ZEIGT DER HÖHENMESSER $h(x)=0$ AN. BERÜHRT DIE ZIGARETTE DAS WASSER, GEHT SIE AUS...

WEISST DU, DAS HAT DIDAKTISCHE GRÜNDE... DAS SCHAUBILD GEHT JA AUCH UNTER NULL... UND JAMES BOND KONNTE DAS JA AUCH... WICHTIG IST EBEN, DASS BEI $h(x)=0$ DIE ZIGARETTE AUSGEHT. DENK DOCH EIN BISSCHEN ABSTRAKT.

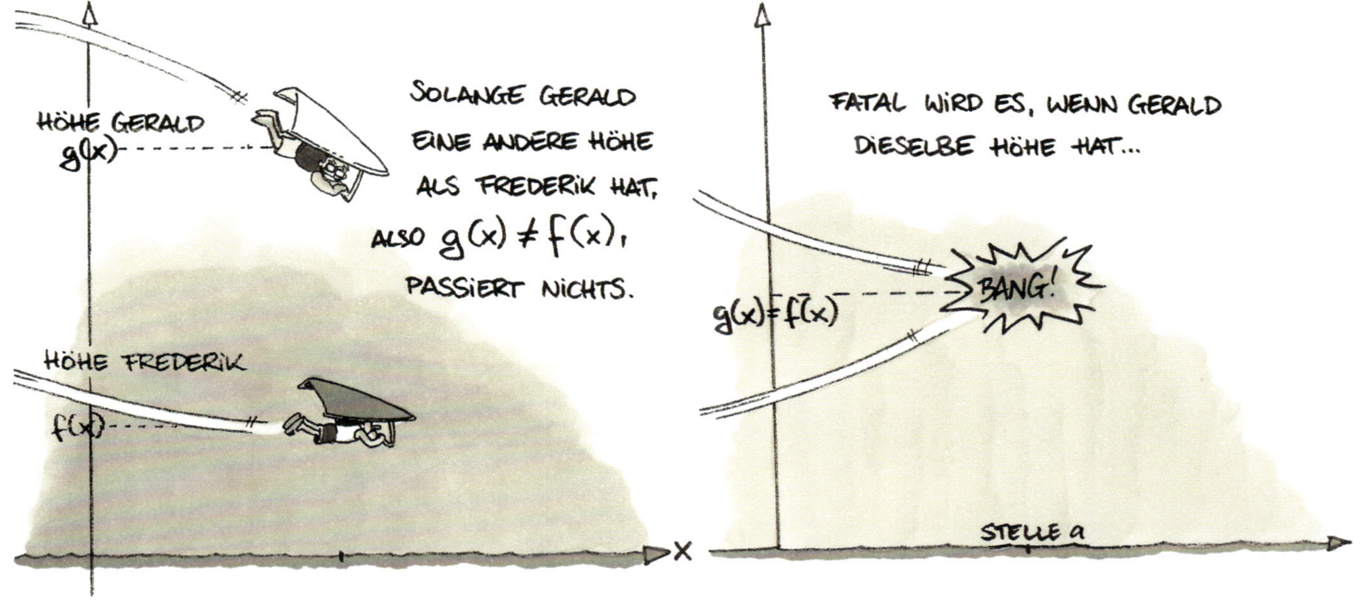

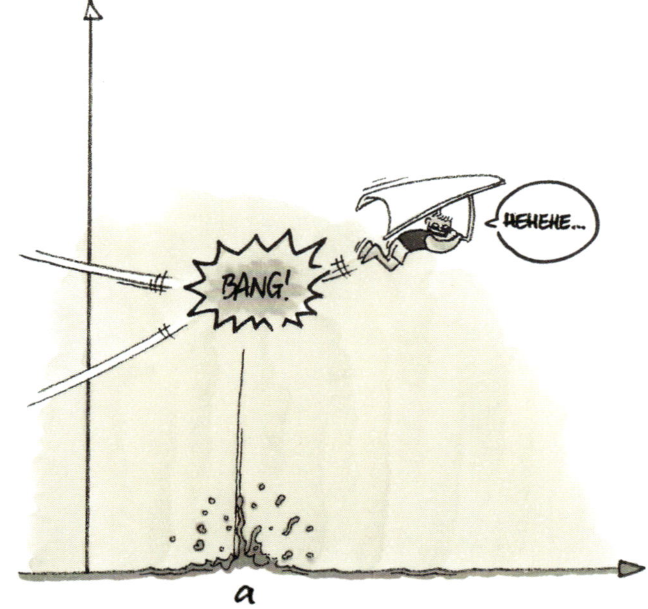

DIE POLIZEI VERSUCHT IMMER NOCH, DIE GLEICHUNG $g(x) = f(x)$ ZU LÖSEN, UM DIE ABSTURZSTELLE a ZU FINDEN.

DIE SINUSFUNKTION
ODER
DIE PIRATEN UND DER HAI

FREDERIK GING WEITER SEINEM HOBBY NACH.

BIS ER EINEN ANDEREN ZUSAMMENSTOß MACHTE!

ZUR GLEICHEN ZEIT...

AUF SEINER FLUCHT TAUCHTE FREDERIK UNTER DEN SCHAUFELDAMPFER.

UND DA PASSIERTE ES:

ER BLIEB AM SCHAUFELRAD HÄNGEN UND WURDE IN DIE HÖHE GERISSEN.

NACH EINER VIERTELUMDREHUNG WAR ER AM HÖCHSTEN PUNKT.

ZU DIESEM ZEITPUNKT WUSSTE FREDERIK NOCH NICHT, DASS SEINE HÖHENANGST NICHT DAS HAUPTPROBLEM WAR...
HÖHE
HILFE!
1/4
UMDREHUNGEN

NACH EINER HALBEN UMDREHUNG...

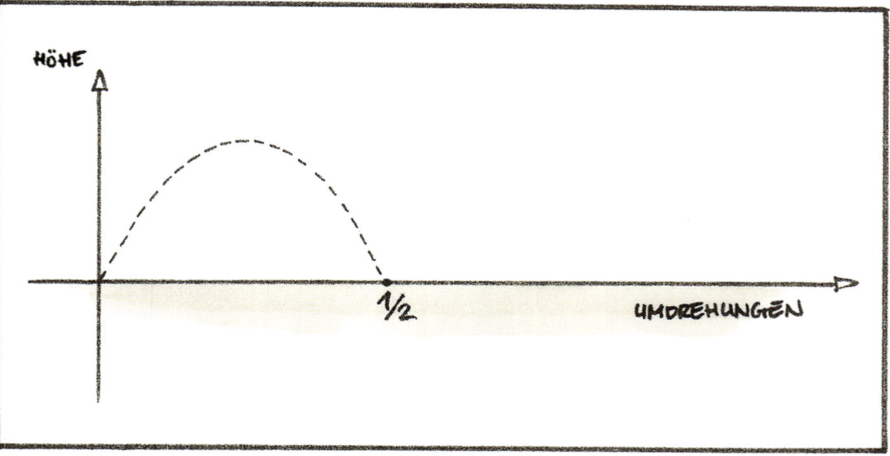
HÖHE
1/2
UMDREHUNGEN

...VIEL SCHLIMMER ALS DIE HÖHE WAR DER WASSERDRUCK...

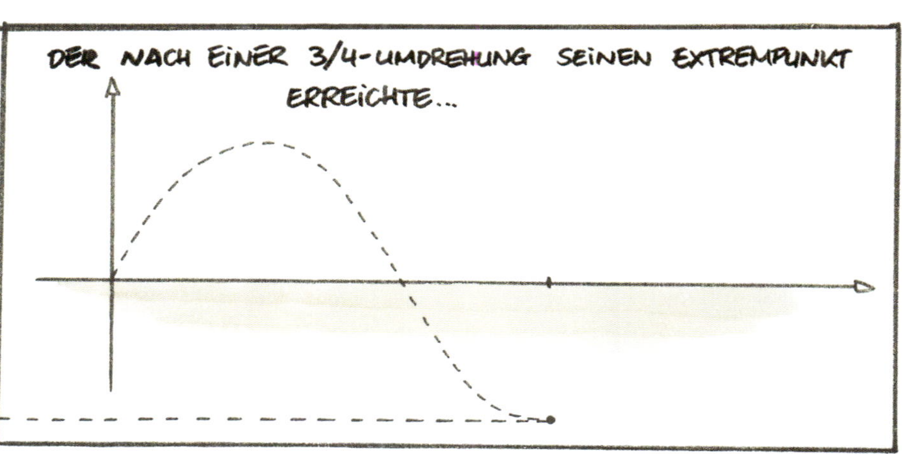
DER NACH EINER 3/4-UMDREHUNG SEINEN EXTREMPUNKT ERREICHTE...

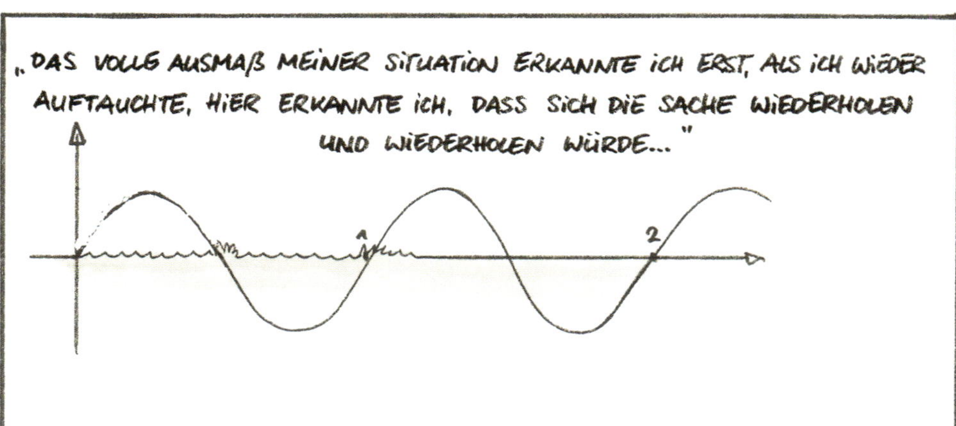
„DAS VOLLE AUSMAß MEINER SITUATION ERKANNTE ICH ERST, ALS ICH WIEDER AUFTAUCHTE. HIER ERKANNTE ICH, DASS SICH DIE SACHE WIEDERHOLEN UND WIEDERHOLEN WÜRDE..."
1
2

...ES WAR SCHRECKLICH!!
ACH, NUN HABEN SIE SICH DOCH NICHT SO!!!

IN MEINER JUGEND WAR DAS SOGAR EINE ART REIFEPRÜFUNG!!!

DAS "PI-HOLEN"!!!

...VOR GAR NICHT SO LANGER ZEIT HERRSCHTEN AUF DIESEN MEEREN DIE PIRATEN. BEI IHNEN GAB ES EINE SCHRECKLICHE ART REIFEPRÜFUNG.

JETZT BIST DU SCHON EIN JAHR BEI UNS ALS MATROSE - WIRD LANGSAM ZEIT, DASS DU EIN ECHTER PIRAT WIRST... AB ANS SCHAUFELRAD MIT IHM!!!

A...ABER NUR EINMAL, OK?

DA DIE SPEICHEN DES RADES
EINEN METER BETRUGEN...

...LEGTE DER KOPF EINEN 3,14-METER-BOGEN SOWOHL ÜBER UND UNTER WASSER ZURÜCK.

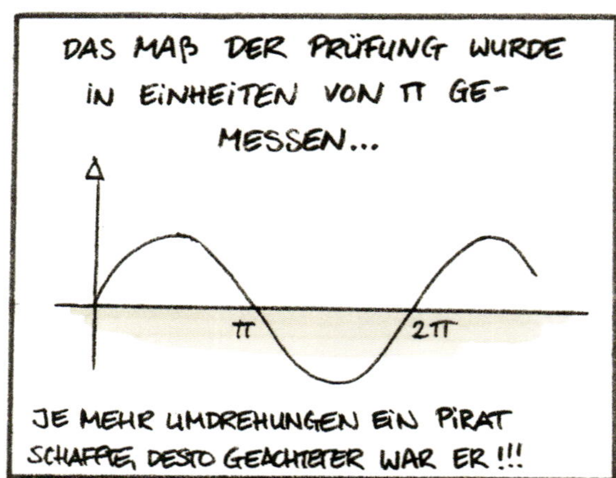
DAS MAß DER PRÜFUNG WURDE IN EINHEITEN VON π GEMESSEN...
π
2π
JE MEHR UMDREHUNGEN EIN PIRAT SCHAFFTE, DESTO GEACHTETER WAR ER!!!

SAUBER, JUNGE!!! 4½ π! EIN WAHRER PIRAT!!!

NOCH HEUTE SCHREIBT MAN DIE UMDREHUNGEN IN EINHEITEN VON π! ABER... FAHREN SIE MIT IHRER GESCHICHTE FORT!
NUN...

"ICH KLETTERTE RICHTUNG MITTELPUNKT..."

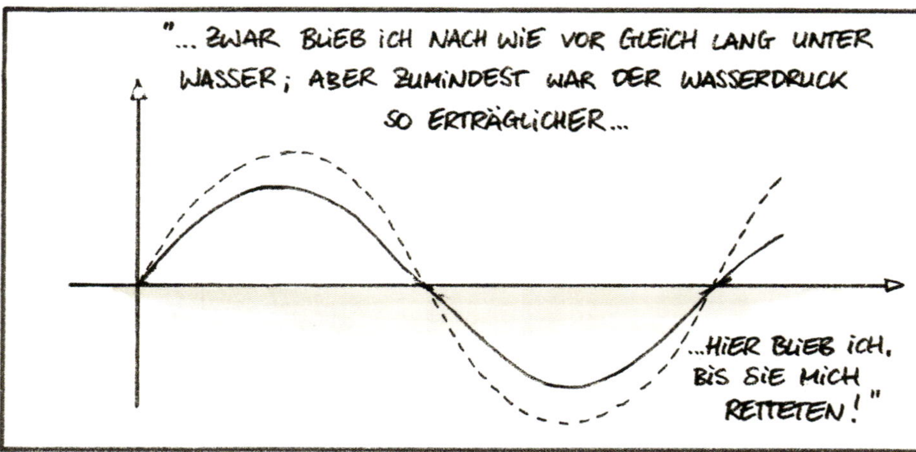
"... ZWAR BLIEB ICH NACH WIE VOR GLEICH LANG UNTER WASSER; ABER ZUMINDEST WAR DER WASSERDRUCK SO ERTRÄGLICHER...
...HIER BLIEB ICH, BIS SIE MICH RETTETEN!"

Gebrochenrationale Funktionen oder Die Null unterm Strich

NACH BESTANDENEM ABENTEUER FIEL FREDERIK IN EINEN TIEFEN SCHLAF UND TRÄUMTE VON SEINER KINDHEIT.

WIE MAN SIEHT, BEGANN FREDERIKS LEBEN GANZ NATÜRLICH MIT INATÜRLICHEN ZAHLEN.

DIESE ZAHLEN BEHERRSCHTEN FREDERIKS ALLTAG...

$\mathbb{N} = \{0, 1, 2, \dots\}$

SO LERNTE FREDERIK NEGATIVE ZAHLEN KENNEN WIE ZUM BEISPIEL **-15**.

MIT DEN GANZEN ZAHLEN

$\mathbb{Z} = \{\dots -3, -2, -1, 0, 1, 2, \dots\}$

KAM FREDERIK LANGE ZEIT ZURECHT...

... BIS ER EINES TAGES...

EINEN NEUEN ZAHLENRAUM ZU EROBERN BEGANN:

MIT GANZEN ZAHLEN WURDEN BRÜCHE GEBILDET.

...ALS IM NENNER:

WENN AUCH DIE WAHRHEIT WEIT SCHLIMMER WAR: OBJEKTE WIE $\frac{1}{0}$ VERLIEßEN DEN ZAHLENRAUM...

...UND WURDEN SCHLIEßLICH VERBOTEN.

DOCH MIT NEUEN KOLLEGEN ÄNDERTEN SICH DIE ZEITEN: ES KAM ZUM BRUCH.

WAHRSCHEINLICH ARBEITETEN DIE ENTLASSENEN ZAHLEN ZU GUT. ZUMINDEST SPRENGTEN SIE JEDES LIMIT...

$$3, -1 \longrightarrow \boxed{\frac{3(x-2)}{(x-3)(x+1)^2}} \longrightarrow ???$$

ÜBER JEDES LIMIT

WÜRDE MAN IHRE ARBEITSLEISTUNG IN EURO MESSEN, ERGÄBE SICH EIN TURM INS UNENDLICHE...

HÄUFIG WERDEN DIESE POLSTELLEN ALS ERINNERUNG EINGEZEICHNET

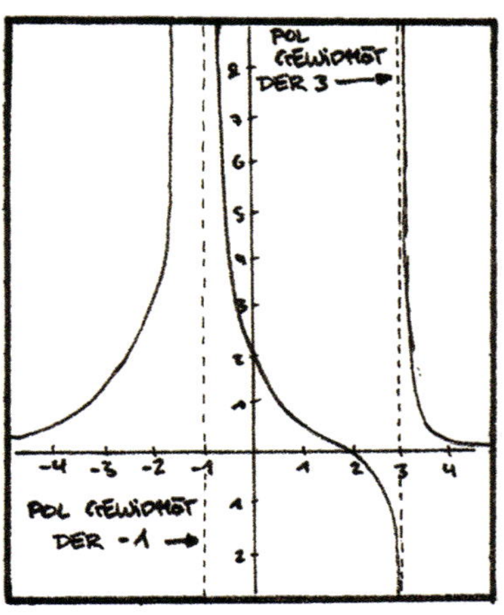

DER LIMES ALS GRENZWERT
ODER
FREDERIKS UNERREICHBARE LIEBE

NACH DEM UNFALL BEIM DRACHENFLIEGEN GEHT FREDERIK SEINEN URLAUB RUHIGER AN...

VIEL RUHIGER ...

BIS...

... BIS ER LIMES ERBLICKT!

LIMES WIRD ZUM GRENZWERT.
2 METER
NUR ZWEI METER TRENNEN IHN VON SEINER TRAUMFRAU. ABER ZWEI METER KÖNNEN SEHR WEIT SEIN...

VOLLER MUT GEHT UNSER HELD AUF LIMES ZU: EIN GRENZWERTPROZESS BEGINNT...
FREDERIK SCHAFFT IN DER ERSTEN STUNDE IMMERHIN EINEN METER WEGSTRECKE!!!

IN DER ZWEITEN STUNDE NIMMT SEINE ANGST ZU. ER SCHAFFT NUR NOCH DIE HÄLFTE...

WIEDER EINE STUNDE SPÄTER SCHAFFT ER NUR NOCH DIE HÄLFTE DER HÄLFTE...
UND SO GEHT ES WEITER:
$1 + \frac{1}{2} + \frac{1}{4} + \frac{1}{8} + \ldots$

ES IST TRAGISCH FÜR UNSEREN HELDEN. ER WIRD (IN ENDLICHER ZEIT) LIMES NIE ERREICHEN. ER SOLL JA ZWEI METER ZURÜCKLEGEN...
NACH EINER STUNDE:
NACH ZWEI STUNDEN:
NACH DREI STUNDEN:
ES HALBIERT SICH PRO STUNDE STETS DER REST ZU 2 METERN!

UND? HAT DER JUNGE ES LANGSAM MAL GESCHAFFT?!
NAJA. WENN ER SO WEITER MACHT, WIRD DAS NIX MEHR...

SO WIRD LIMES ZU FREDERIKS GRENZE, DIE ER NIE ERREICHEN WIRD. IN ZEICHEN:

$$\lim_{n\to\infty}\left(1+\frac{1}{2}+\frac{1}{2^2}+\frac{1}{2^3}+\ldots+\frac{1}{2^n}\right)=2$$

LIMES BESCHREIBT DIE GRENZE SEINES STREBENS...

... UND DIESE GRENZE IST GENAU BEI 2!

... ABER ... ES FEHLT DOCH IMMER ETWAS. FREDERIK KANN DOCH DIE 2 NIE <u>GENAU</u> ERREICHEN, ODER ?!

ES GEHT NICHT UM FREDERIK, SONDERN UM DESSEN GRENZE (LIMES) - UND DIESE STEHT DUMMERWEISE EBEN GENAU BEI 2!!!

EIN GROßER TRIUMPH FÜR DIE MATHEMATIK:

AUS DEM DYNAMISCHEN GRENZWERTBEGRIFF  IST EIN STATISCHER  GEWORDEN. WIR SPRECHEN ALSO NICHT MEHR VON DER

< 2  $= 2$

LEIDENSGESCHICHTE UNSERES HELDEN, SONDERN VON DEM STANDORT DER GRENZE.

STEIGUNG UND MOMENTANE ÄNDERUNGSRATE ODER WIE FREDERIK SEINEN FÜHRER-SCHEIN VERLOR

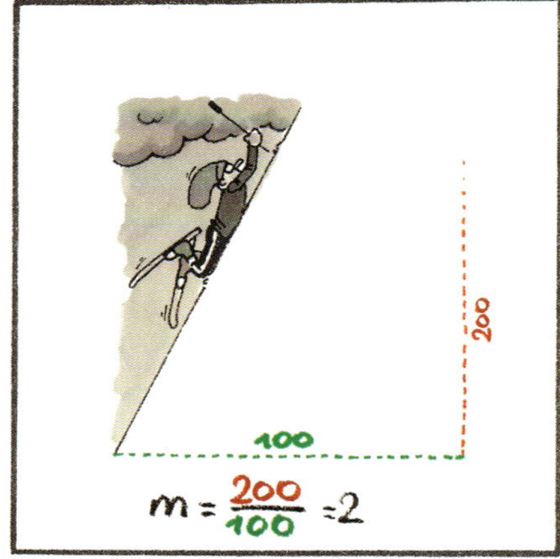

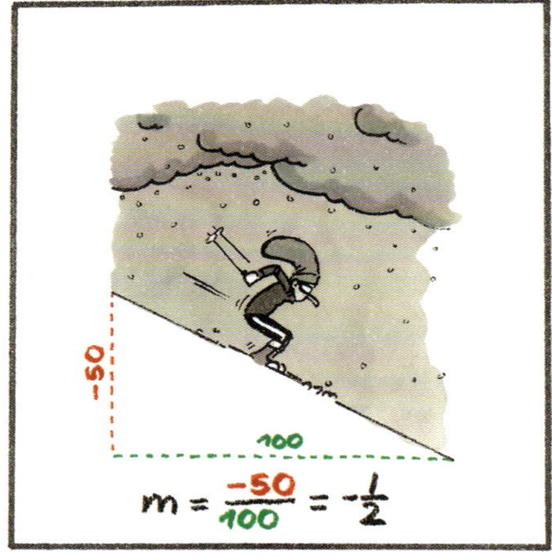

DIE GESCHICHTE DER DIFFERENTIALRECHNUNG IST EINE GESCHICHTE VON STEIGUNGEN...

WENN WIR EIN STÜCK AUF DER X-ACHSE WEITERGEHEN (ΔX), MÜSSEN WIR JE NACH STEIGUNG AUCH EIN STÜCK AUF DER Y-ACHSE (ΔY) HOCH (ODER RUNTER).

$$m = \frac{\Delta Y}{\Delta X}$$

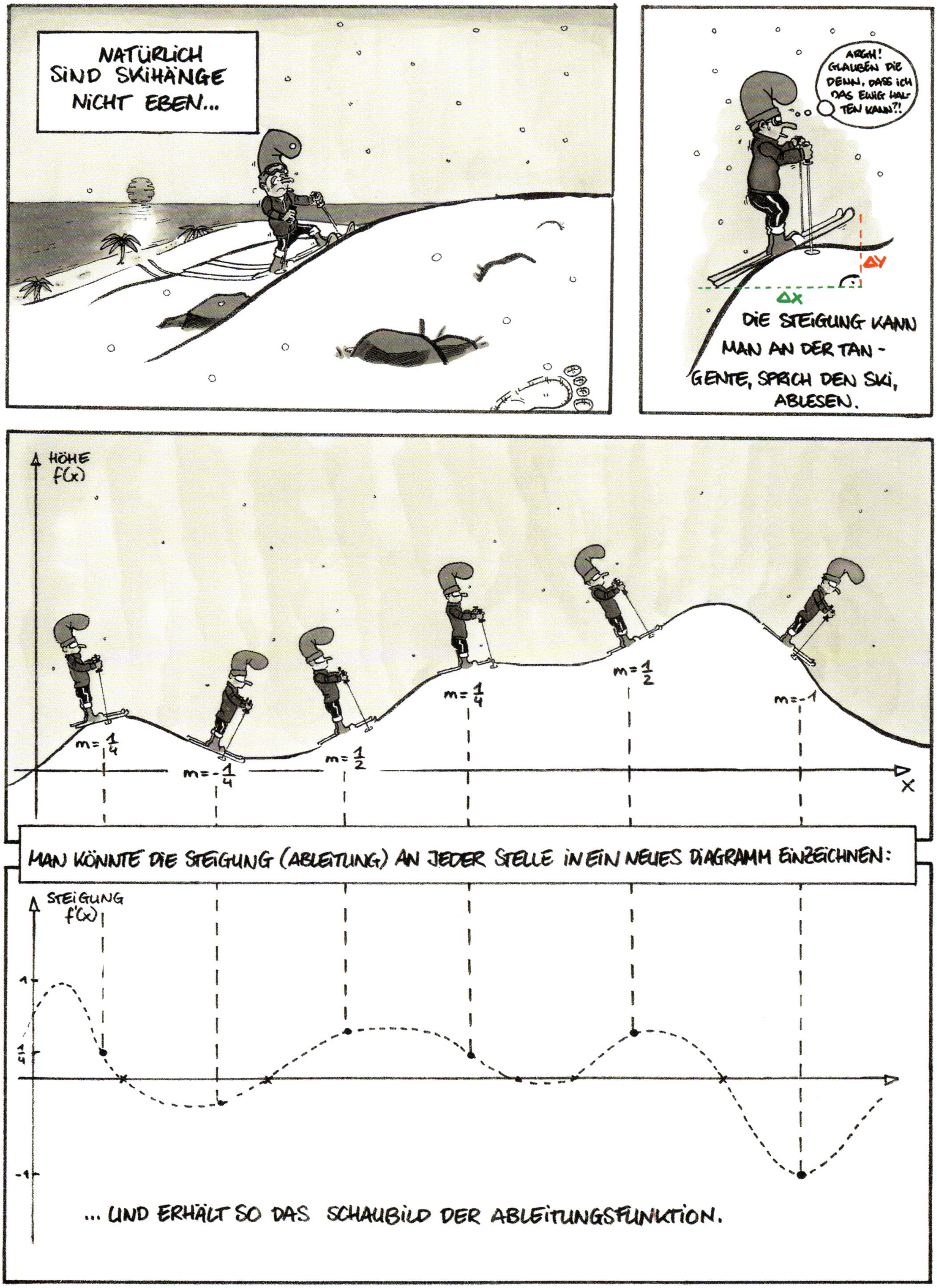

HÖHE $f(x)$

$m = \frac{1}{4}$ $m = -\frac{1}{4}$ $m = \frac{1}{2}$ $m = \frac{1}{4}$ $m = \frac{1}{2}$ $m = -1$

x

MAN KÖNNTE DIE STEIGUNG (ABLEITUNG) AN JEDER STELLE IN EIN NEUES DIAGRAMM EINZEICHNEN:

STEIGUNG $f'(x)$

1

$\frac{1}{4}$

-1

... UND ERHÄLT SO DAS SCHAUBILD DER ABLEITUNGSFUNKTION.

ABER WIESO GEHT FREDERIK EIGENTLICH SO UMSTÄNDLICH ÜBER DIE BERGE?!
FOR SALE

... NUN, FREDERIK HATTE MAL EIN AUTO. BIS...
VROOO

ROOOOOOA

DER KAMPF DER STRAßE BEGANN...
ROAAAAAAR

NATÜRLICH GAB ES AUCH PAUSEN...
VERKEHRSPAUSEN...

... UND ZWANGSPAUSEN.
SIE SIND GERADE 90 KM/H IN EINER ORTSCHAFT GEFAHREN!!!
ABER HERR WACHTMEISTER...
ES KOMMT, WIE ES KOMMEN MUSS...

DAS IST DOCH SCHWACHSINN! ICH BIN ALLERHÖCHSTENS 50 KM/H GEFAHREN...
NETTER VERSUCH... ABER DAS BEDEUTET FÜHRERSCHEINENTZUG!!!

FÜHRER-
SCHEIN-
ENTZUG?!

A...ABER MEIN KILOMETERZÄHLER ZEIGT GERADE MAL 12 KM AN UND ICH BIN VIELLEICHT 15 MIN. GEFAHREN.
?!

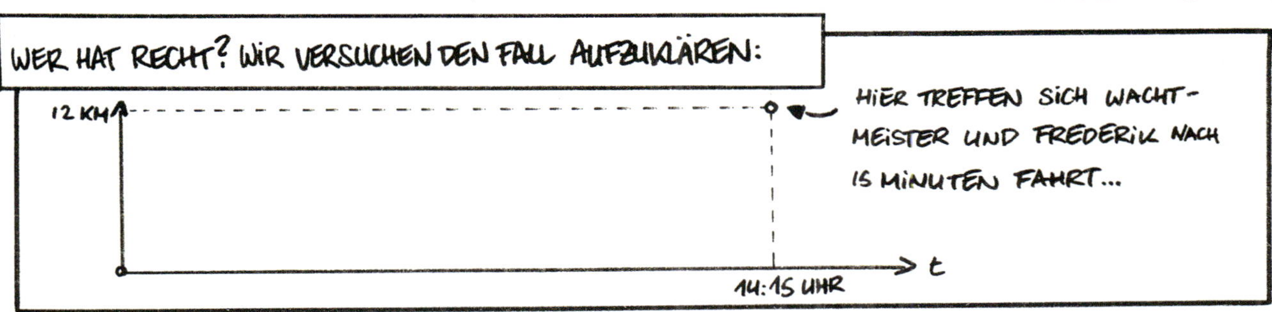
WER HAT RECHT? WIR VERSUCHEN DEN FALL AUFZUKLÄREN:
12 KM
HIER TREFFEN SICH WACHTMEISTER UND FREDERIK NACH 15 MINUTEN FAHRT...
t
14:15 UHR

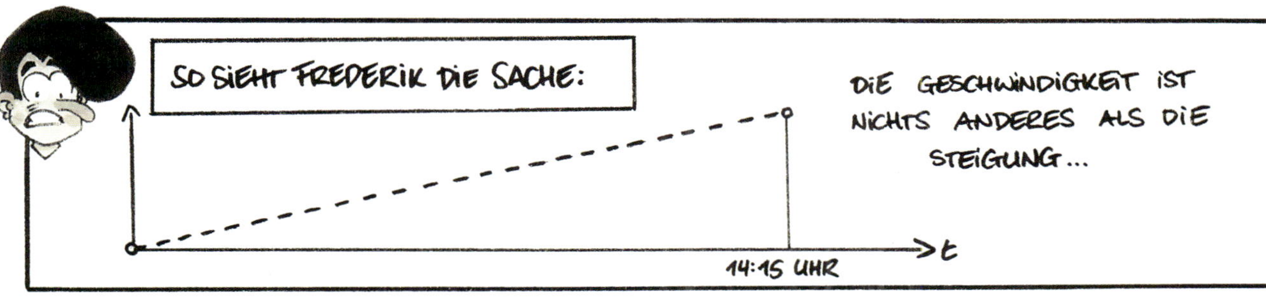
SO SIEHT FREDERIK DIE SACHE:
DIE GESCHWINDIGKEIT IST NICHTS ANDERES ALS DIE STEIGUNG...
t
14:15 UHR

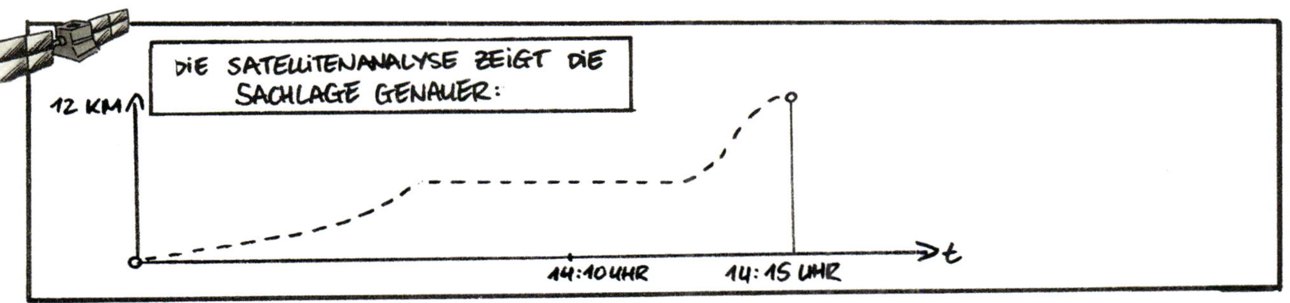
DIE SATELLITENANALYSE ZEIGT DIE SACHLAGE GENAUER:
12 KM
t
14:10 UHR
14:15 UHR

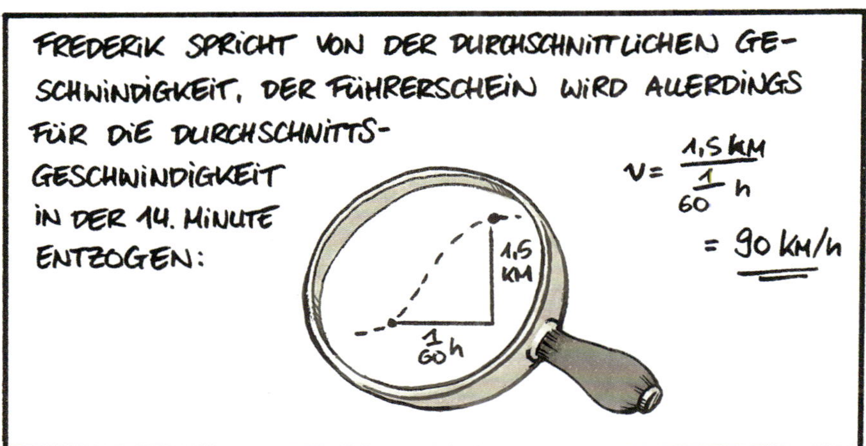
FREDERIK SPRICHT VON DER DURCHSCHNITTLICHEN GESCHWINDIGKEIT, DER FÜHRERSCHEIN WIRD ALLERDINGS FÜR DIE DURCHSCHNITTSGESCHWINDIGKEIT IN DER 14. MINUTE ENTZOGEN:
1,5 KM
$\frac{1}{60}$ h
$v = \frac{1{,}5\,\text{km}}{\frac{1}{60}\,\text{h}} = 90\,\text{km/h}$

SO KAM ES, WIE ES KOMMEN MUSSTE...
ZU
ERKAUFEN

LOKALE EXTREMA
ODER
SKIFAHREN IM DUNKELN

AUCH WENN UNSER HELD NUR DIE UNMITTELBARE UMGEBUNG ERTASTEN KANN, MERKT ER DOCH, DASS ER AUF EINEM HÜGEL IST...
BEI LICHT – BZW. MIT RÖNTGENBRILLE BETRACHTET – SIEHT DAS GANZE DANN SO AUS:

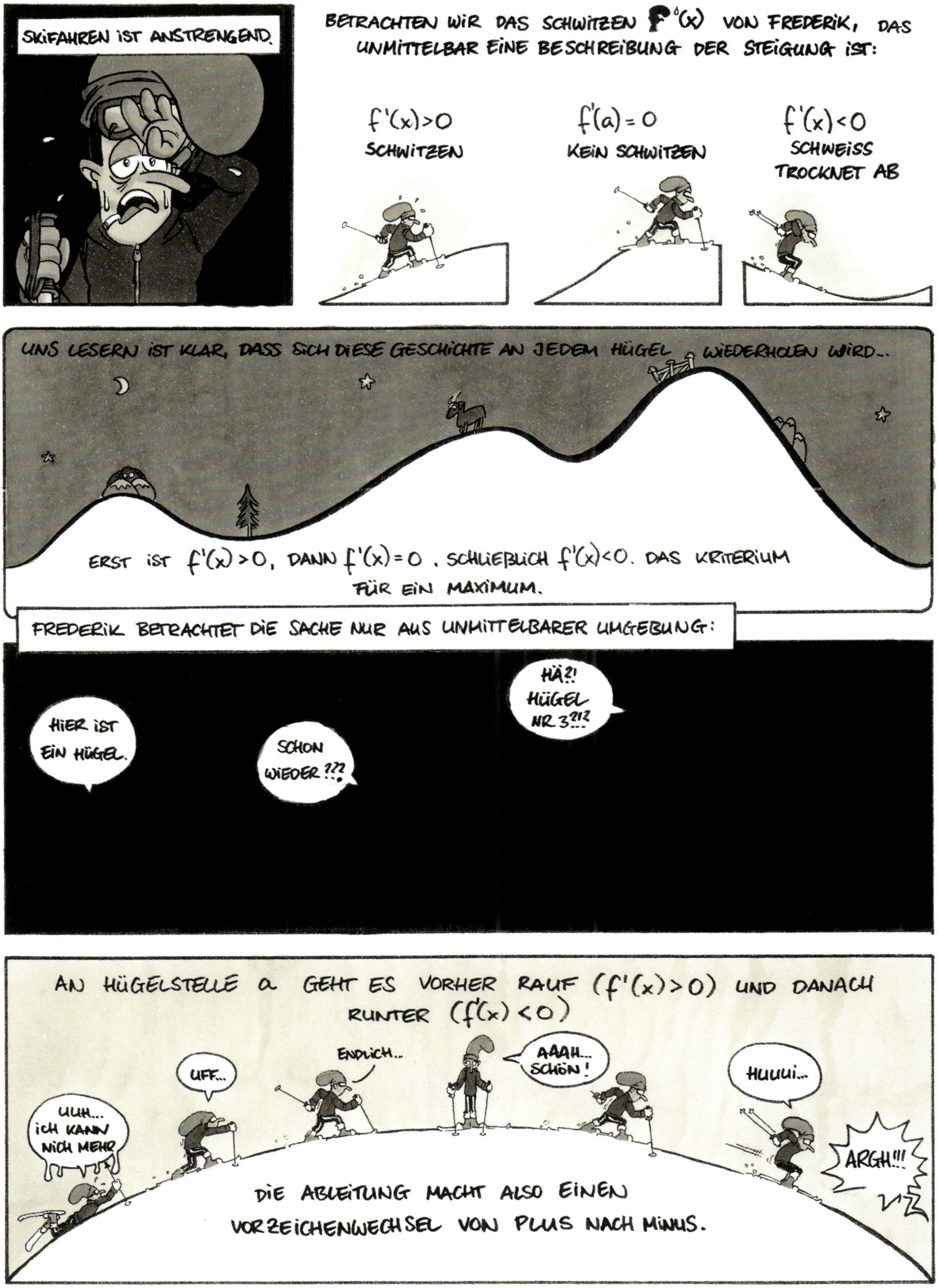

BETRACHTEN WIR DAS SCHWITZEN $f'(x)$ VON FREDERIK, DAS UNMITTELBAR EINE BESCHREIBUNG DER STEIGUNG IST:

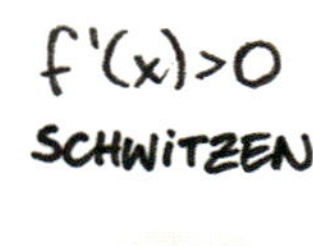

$f'(a)=0$
KEIN SCHWITZEN

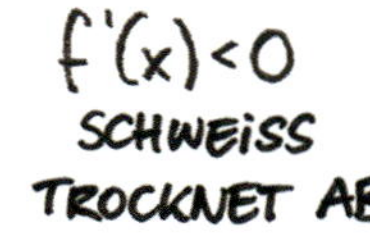

UNS LESERN IST KLAR, DASS SICH DIESE GESCHICHTE AN JEDEM HÜGEL WIEDERHOLEN WIRD...

ERST IST $f'(x)>0$, DANN $f'(x)=0$. SCHLIEßLICH $f'(x)<0$. DAS KRITERIUM FÜR EIN MAXIMUM.

FREDERIK BETRACHTET DIE SACHE NUR AUS UNMITTELBARER UMGEBUNG:

HIER IST EIN HÜGEL.

SCHON WIEDER???

HÄ?! HÜGEL NR 3?!?

FÜR EINEN HÜGEL ODER EIN TAL IST ES NOTWENDIG, DASS SEINE SKI WAAGRECHT STEHEN:

$$f'(x) = 0$$

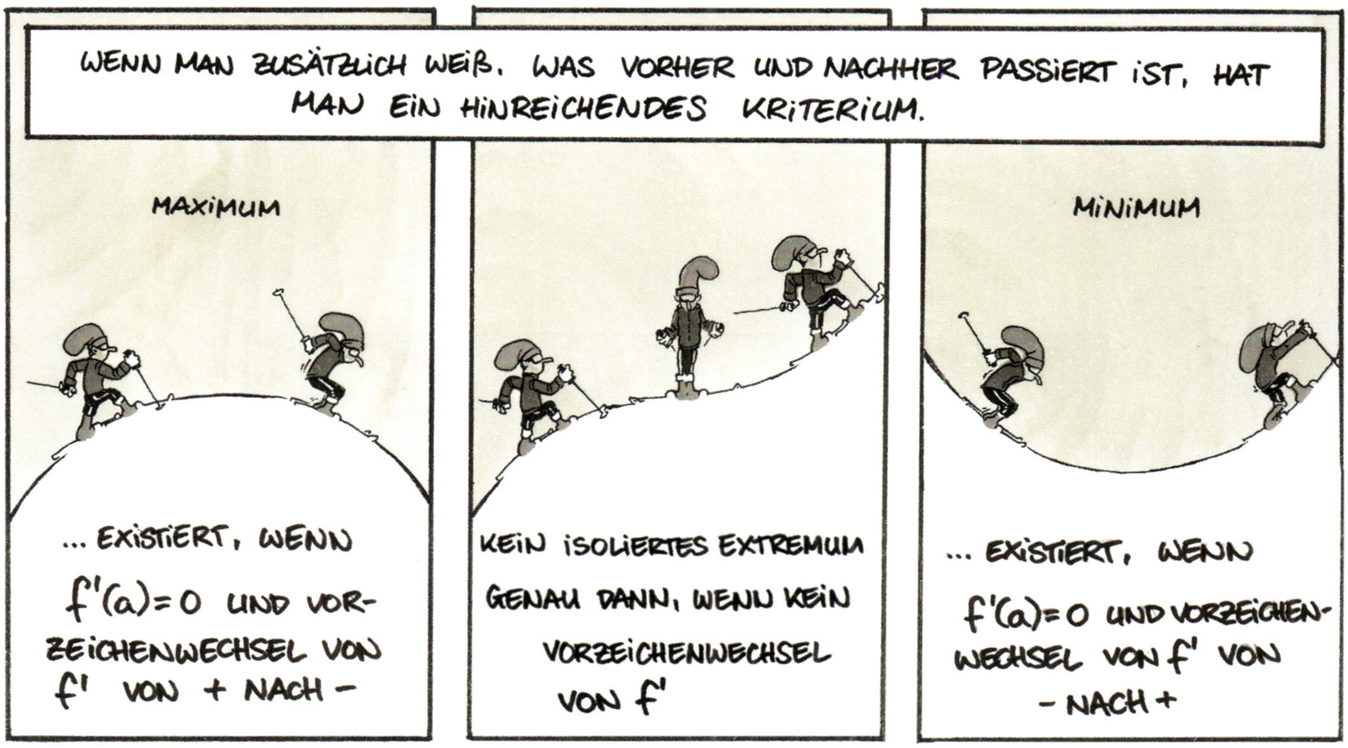

WENN MAN ZUSÄTZLICH WEIß, WAS VORHER UND NACHHER PASSIERT IST, HAT MAN EIN HINREICHENDES KRITERIUM.

... EXISTIERT, WENN $f'(a)=0$ UND VORZEICHENWECHSEL VON f' VON + NACH −

KEIN ISOLIERTES EXTREMUM GENAU DANN, WENN KEIN VORZEICHENWECHSEL VON f'

... EXISTIERT, WENN $f'(a)=0$ UND VORZEICHENWECHSEL VON f' VON − NACH +

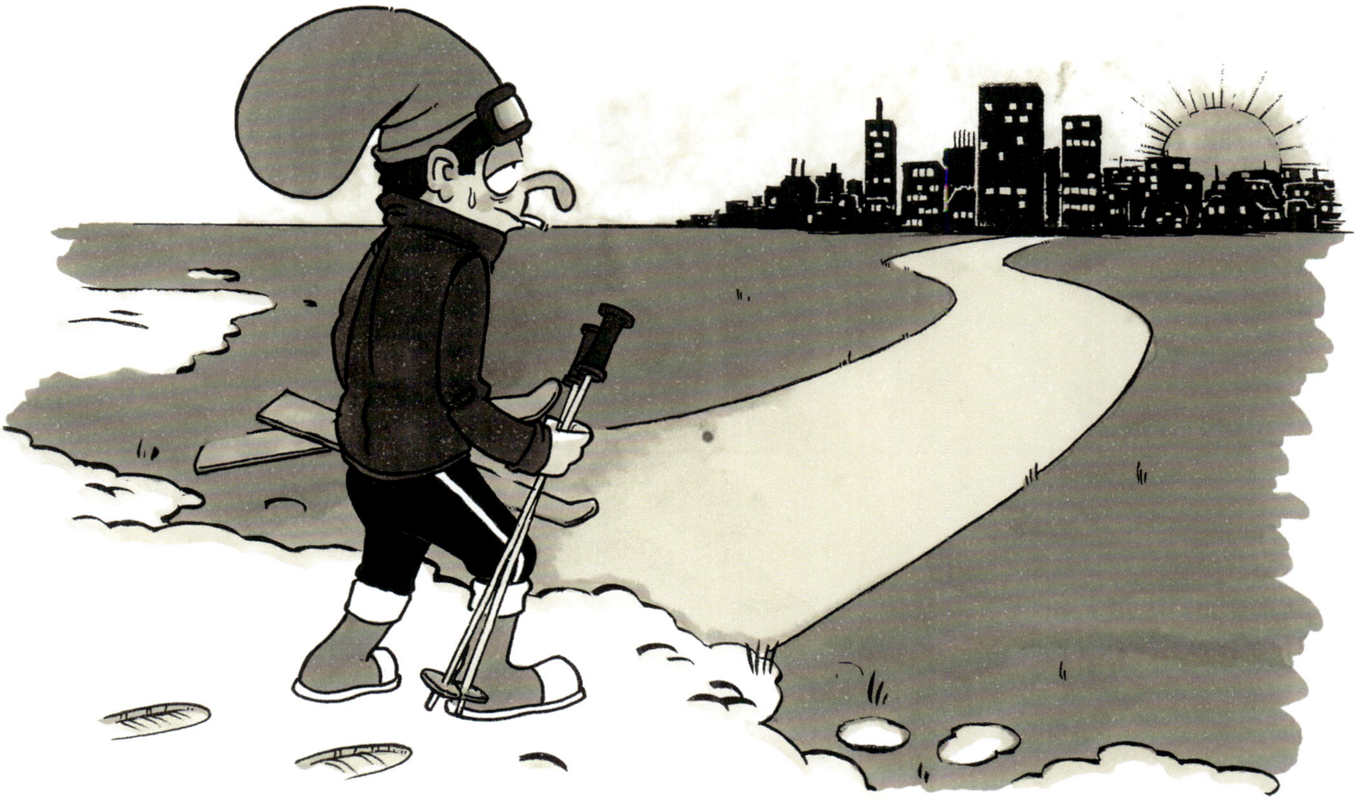

DIE INTEGRALRECHNUNG
ODER
FREDERIK GEHT BADEN

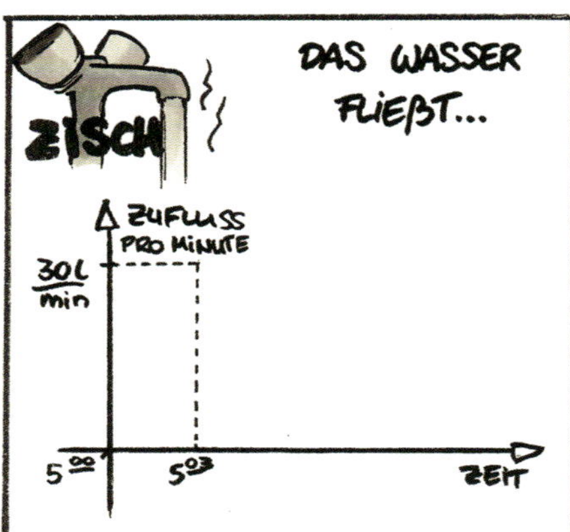

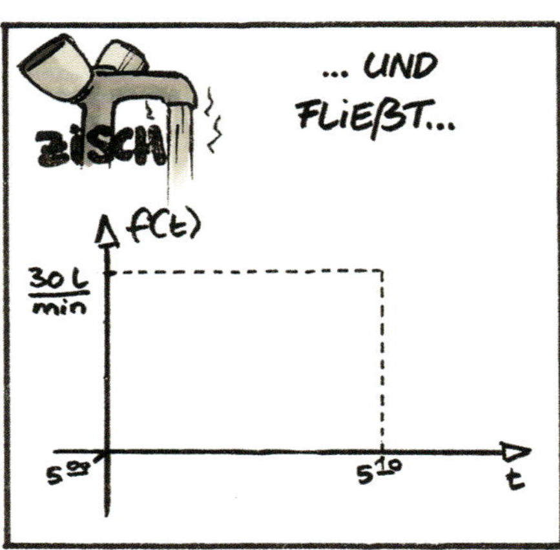

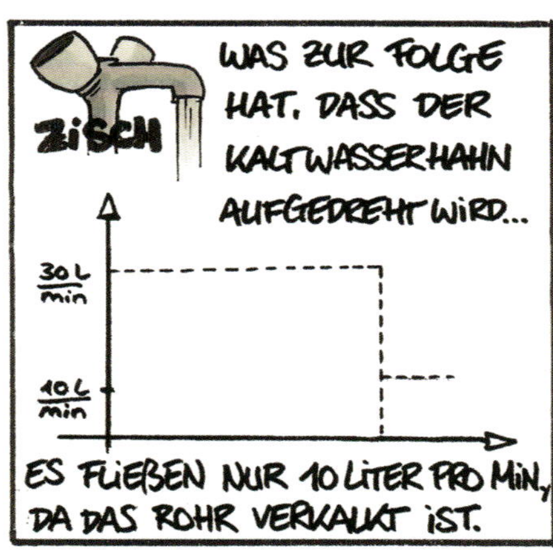

NACH 5 MIN. IST DIE GEWÜNSCHTE TEMPERATUR ERREICHT! ES BEFINDEN SICH JETZT 350 LITER IN DER WANNE...

300L

50L

5⁰⁰ 5¹⁰ 5¹⁵ t

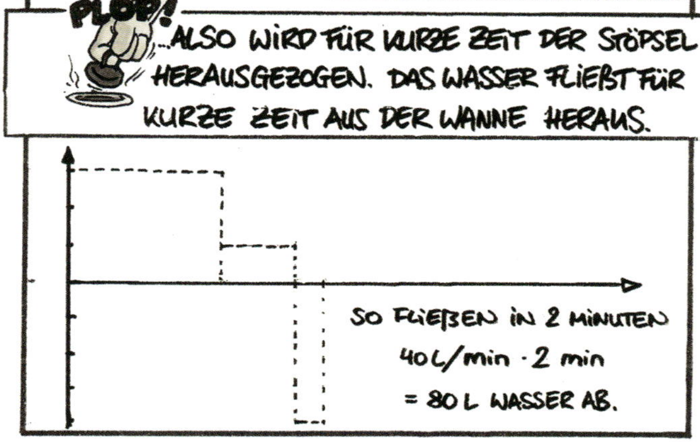

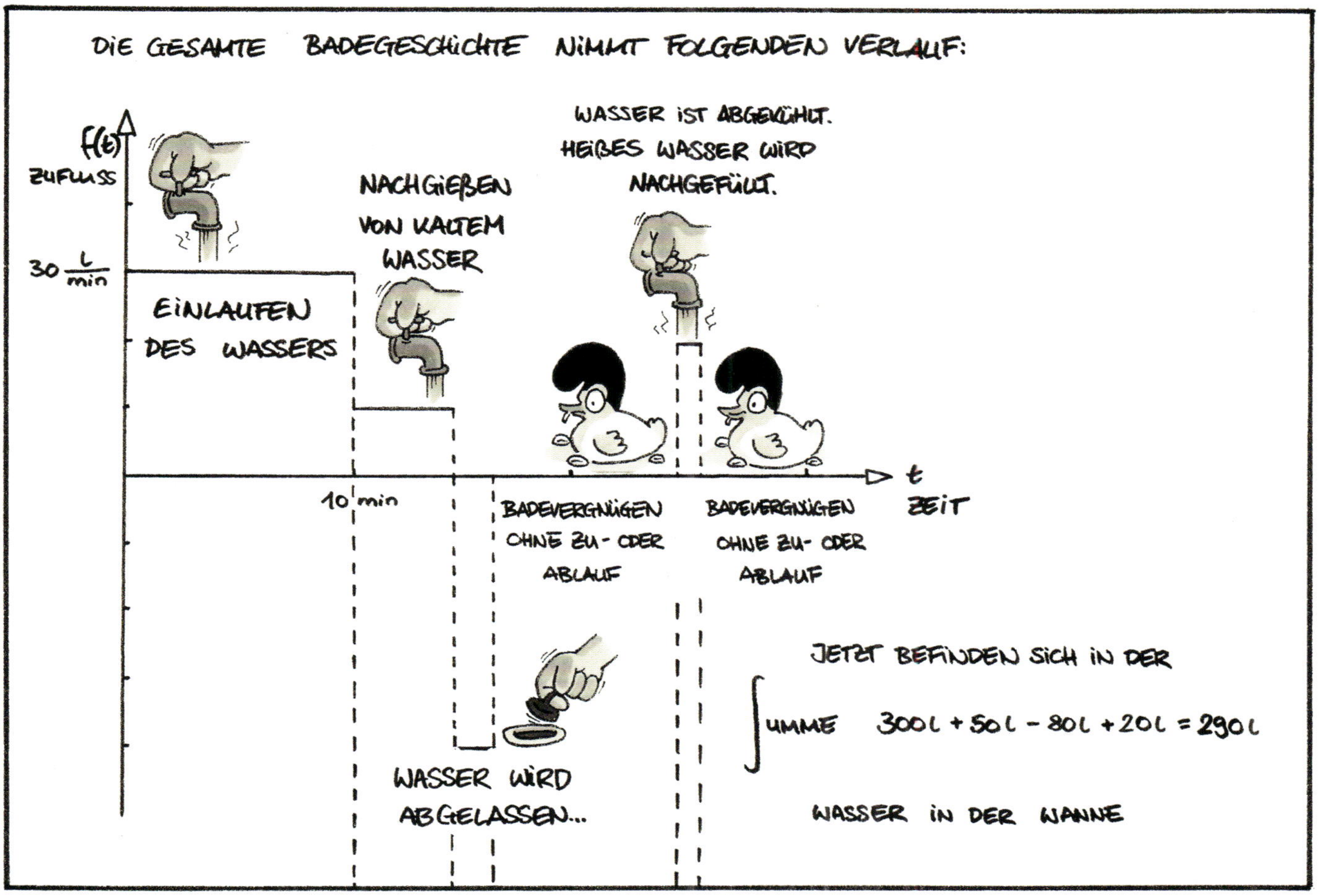

DIE GESAMTE BADEGESCHICHTE NIMMT FOLGENDEN VERLAUF:

f(t)
ZUFLUSS

$30 \frac{L}{min}$

EINLAUFEN DES WASSERS

NACHGIEßEN VON KALTEM WASSER

WASSER IST ABGEKÜHLT. HEIßES WASSER WIRD NACHGEFÜLLT.

t
ZEIT

10 min

BADEVERGNÜGEN OHNE ZU- ODER ABLAUF

BADEVERGNÜGEN OHNE ZU- ODER ABLAUF

WASSER WIRD ABGELASSEN...

JETZT BEFINDEN SICH IN DER

∫UMME 300 L + 50 L − 80 L + 20 L = 290 L

WASSER IN DER WANNE

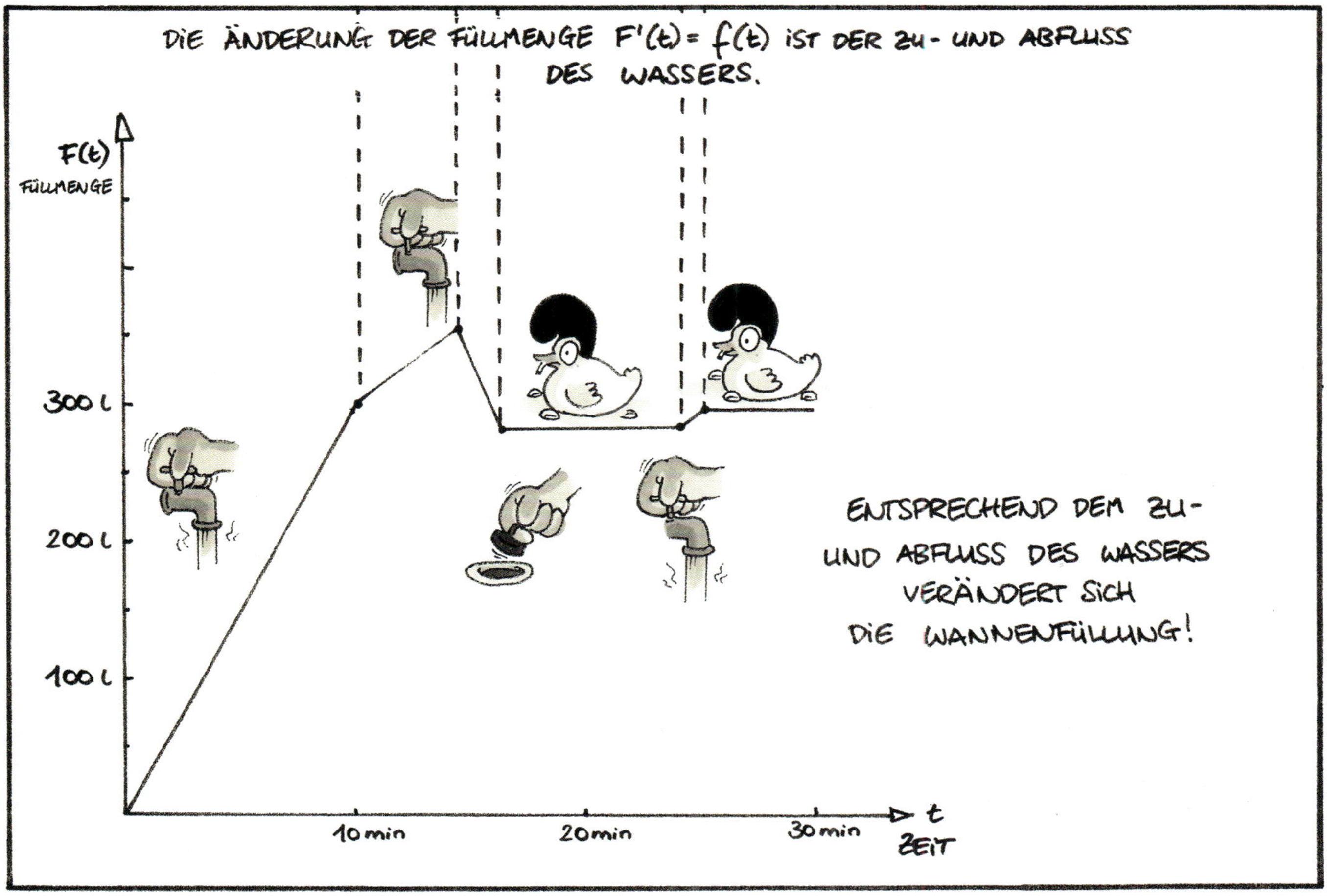

DIE ÄNDERUNG DER FÜLLMENGE F'(t) = f(t) IST DER ZU- UND ABFLUSS DES WASSERS.

F(t)
FÜLLMENGE

300 L

200 L

100 L

10 min

20 min

30 min

t
ZEIT

ENTSPRECHEND DEM ZU- UND ABFLUSS DES WASSERS VERÄNDERT SICH DIE WANNENFÜLLUNG!

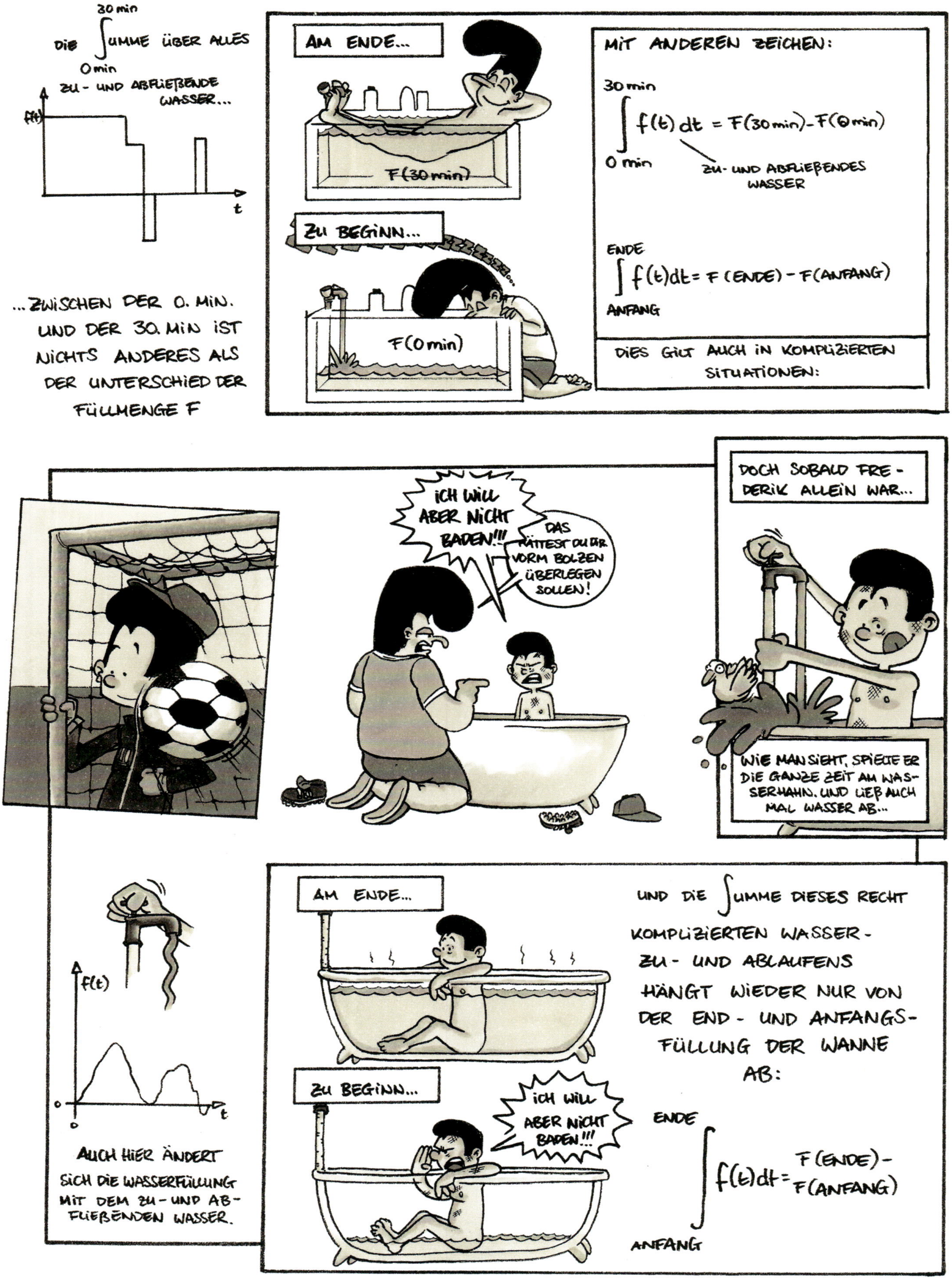

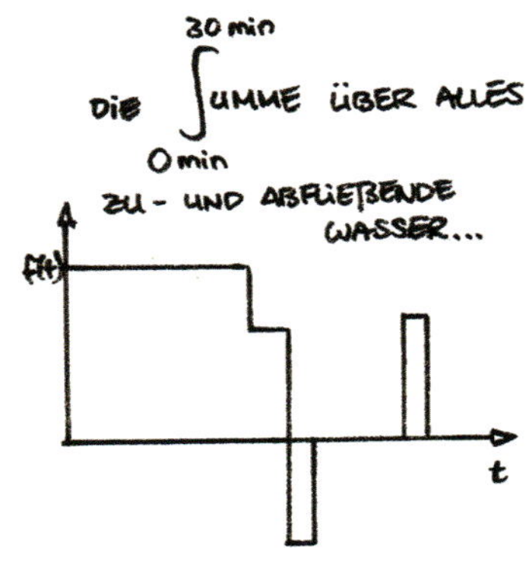

...Zwischen der 0. Min. und der 30. Min. ist nichts anderes als der Unterschied der Füllmenge F

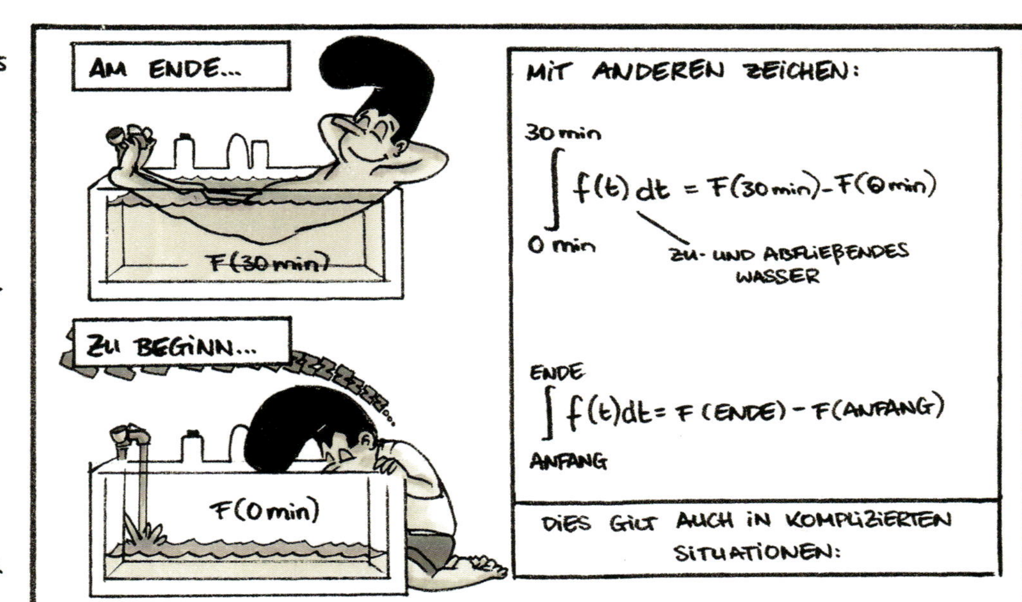

Ich will aber nicht baden!!!

Das hättest du dir vorm Bolzen überlegen sollen!

Doch sobald Frederik allein war...

Wie man sieht, spielte er die ganze Zeit am Wasserhahn, und ließ auch mal Wasser ab...

f(t)

0

t

Auch hier ändert sich die Wasserfüllung mit dem zu- und abfließenden Wasser.

Am Ende...

Zu Beginn...

Ich will aber nicht baden!!!

Und die ∫umme dieses recht komplizierten Wasser-zu- und Ablaufens hängt wieder nur von der End- und Anfangsfüllung der Wanne ab:

$$\int_{Anfang}^{Ende} f(t)\,dt = F(Ende) - F(Anfang)$$

Die didaktische Dimension des Comics

Im Sommer des Jahres 2006 vereinbarten ein versetzungsgefährdeter Schüler und ein Mathematiklehrer einen Deal. Er bestand darin, dass der Lehrer den ehemaligen Schüler[1] durchs Abitur bringt. Unter dem vorläufigen Titel „Grundlagenwerk der Schulanalysis" ist der Plot für den hier vorliegenden Comic während der Nachhilfestunden entstanden. Heute bin ich mir nicht mehr so recht klar darüber, wer da wem etwas erklärt hat. Marlin van Soest ist Illustrator geworden, ich Didaktiker.
Damals arbeitete ich daran, das Erleben von Mathematik im Unterricht real werden zu lassen, um eine Beziehung zwischen Mensch und Mathematik zu ermöglichen.[2] Dabei geht es um weit mehr als um das Veranschaulichen von mathematischen Begriffen und Denkweisen: Es geht um das individuelle Erleben von Mathematik. Ein Bild sagt bekanntlich mehr als 1000 Worte und so ist eine bildliche Darstellung der Schulmathematik naheliegend.
Aber wie könnte sich das Erleben mit „abbilden" lassen? Mit dem Comic! Der Leser schlüpft in die Rolle des Helden und betritt als Frederik das weitgehend unerforschte Gebiet Analysien. Mit und durch Frederik werden wir zum Drachenflieger und stürzen an der Stelle „a" ab, erleiden Momentangeschwindigkeit durch Führerscheinentzug, begegnen „*Pi-raten*" und der Sinusfunktion und nehmen in der Dunkelheit eine lokale Sichtweise ein.

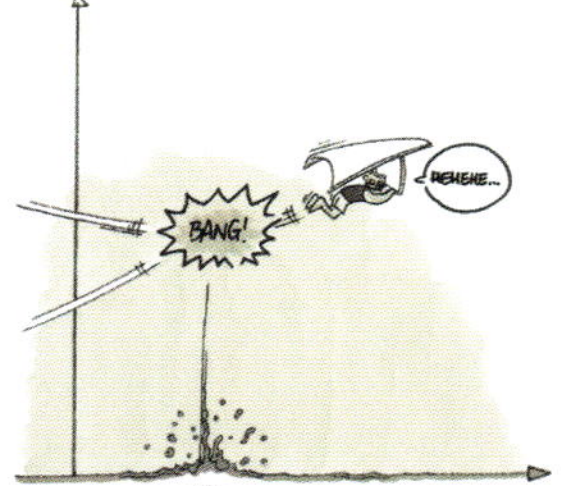

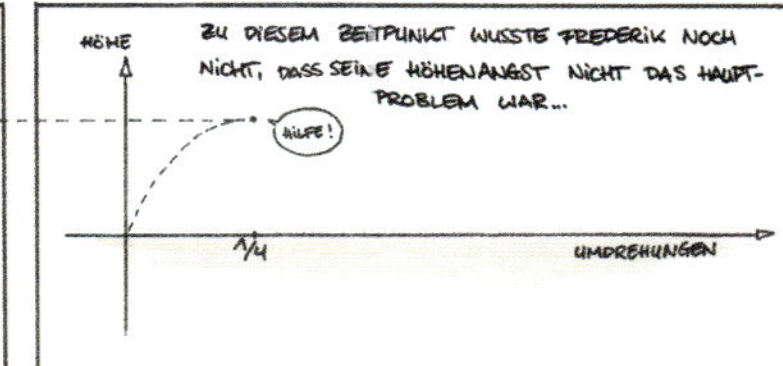

Statt Mathematik direkt zu erleben, erleben wir mit den Augen des Helden Frederik stellvertretend die mathematische Geschichte.

Geschichten erzählen – eine Kunst der Vermittlung

Von Anfang an gab es bei der Zusammenarbeit zwei Standpunkte: Marlin van Soest wollte eine Geschichte erzählen, ich Mathematik. Der mathematische Standpunkt lässt sich für den Leser dieser Zeilen eher erschließen. Der erzählerische Standpunkt lässt sich bei einem Blick in das ehemalige Schulheft erahnen, das aus heutiger Sicht eher einem Kunstwerk als einem Mathematikheft gleicht.

1 Ich hatte Marlin in der achten Klasse in Physik unterrichtet.
2 Vgl. Martin Kramer: *Mathematik als Abenteuer*. Bd. I – III, Klett Kallmeyer, Seelze 2016.

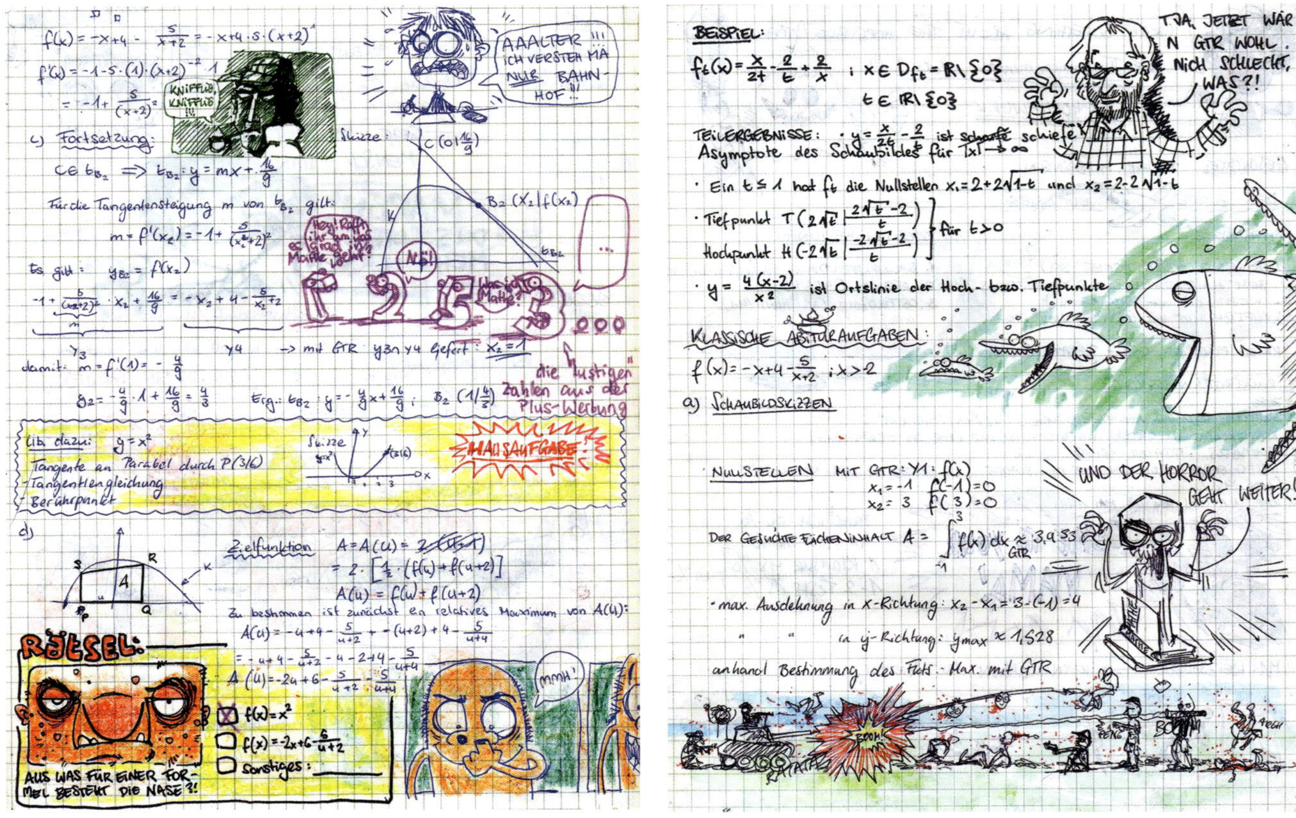

Erst viel später begriff ich die volle Bedeutung der Welt des Comics: Schulbücher verwenden Bilder, aber erzählen keine Geschichte! Der Leser mag sich vorstellen, wie viele Gespräche nötig waren, um sowohl der Mathematik als auch der Geschichte gerecht zu werden. Eine dieser Diskussionen ist nach dem unter Wasser fliegenden Frederik im Comic selbst zu finden (vgl. S. 10).

Die doppelte Blickrichtung auf die Mathematik und die Geschichte spiegelt sich in der Covergestaltung wieder: Das letzte Wort – genauer das letzte Bild – gehört der Geschichte, die ein gutes Ende für Frederik andeutet.

Sprechblasen machen noch keinen Comic

Der Comic erzählt eine Geschichte und zwar nicht als Verschönerung eines vermeintlich drögen und öden Stoffes. Es geht nicht einfach nur darum, mathematische Inhalte in Sprechblasen zu verpacken. Das „Geheimnis der Schulmathematik" liegt im Mitfühlen und Miterleben. Es gibt eine Stelle im Comic, wo das Geschichtenerzählen nicht geklappt hat. Auf Seite 19 hält Pythagoras einen Vortrag. An dieser Stelle gibt es kein Erleben, die Form des Comics mit seiner Möglichkeit, in Wort und Bild zu erzählen, wird nicht genutzt. Das geschieht auch bei Hergés berühmten Geschichten von *Tim und Struppi.*[1] Der große Meister ist allerdings ehrlicher, da er den Comicstil auf der ganzen Doppelseite unterbricht.

Universelle kulturelle Bildung?

Historisch betrachtet ist der Comic, die sequentielle Kunst bzw. das erzählerische Aneinanderreihen von Bildern, sehr alt, so alt wie die Höhlenmalerei. Auch das Lesen von Bildern im Zickzack wurde bereits vor 3400 Jahren für das Grab des Menna, eines altägyptischen Schreibers, verwendet.[2] Geschichten in Wort und Bild zu erzählen, ist ein gewachsener Gegenstand unserer Kultur.

Der „Comic-Wissenschaftler" Scott McCloud weist in „Comics richtig lesen" auf die universelle Eigenschaft des Comics hin:

Auf dem ersten Bild kann nur einer gemeint sein, auf dem letzten (fast) jeder. Damit wird es für (fast) jeden möglich, in die Rolle des Helden zu schlüpfen. Die Figur wird universell und formal – wie die Mathematik selbst.

---

3 Z. B. in Hergé: Tim und Struppi, König Ottokars Zepter, Carlsen Comics, Hamburg 2009 (dt. Ausgabe, Nachdruck), S. 19 ff.

4 Scott McCloud: Comics richtig lesen; Carlsen Comics in Hamburg 2001, 4. Auflage, S. 18 ff.

Verstehen durch Comics

Sprachschulen, IKEA-Anleitungen, Notfallpläne in Flugzeugen – alle verwenden die Darstellungsweise des Comics. Seine Bildersprache ermöglicht einen Zugang ohne Worte. Bildsprache ist ein mächtiges Werkzeug der Vermittlung. Ein Bild sagt nicht nur mehr als 1000 Worte, es spricht auch 1000 verschiedene Sprachen. Stellen Sie sich vor, Sie sind in einem fremden Land, etwa in China oder in Analysien (vgl. den folgenden Abschnitt über Landschaften und Landkarten) und sehen dieses Schriftzeichen:

Wahrscheinlich würde Ihnen eine bildliche Sprache mehr sagen, wie etwa das folgende Bild.

Es ist nicht sicher, ob Sie die gesamte Botschaft entschlüsseln können, aber es ist sehr wahrscheinlich, dass Sie einen Teil davon verstehen, etwa, dass es um Frau und Mann geht. Wenn Ihnen das Land bzw. das Wissensgebiet vertraut ist, sei es nun China oder die Mathematik, dann kommen Sie mit der formalen Sprache gut zurecht und machen als Kenner gar keinen Unterschied zwischen einer bildhaften und einer formal-abstrakten Darstellung.

In der Tat weiß ich im Augenblick nicht, welches Schildchen im „Ammerschlag", meiner Lieblingskneipe in Tübingen, angebracht ist. Anders formuliert: Für den Lehrer, dem die Landschaft vertraut ist, macht es kaum einen Unterschied, ob er zwei Figuren abgebildet sieht oder die Buchstaben „WC". Dem Fremden, der die Sprache noch nicht spricht, geht es vermutlich wie Ihnen, wenn Sie die chinesischen Symbole für Damen- und Herrentoilette betrachten. Sie sehen, aber Sie verstehen nicht. Vielleicht so, wie es einem Schüler geht, wenn er zum ersten Mal dem für ihn fremden Land Analysien begegnet.

Landschaften und Landkarten

Die Geschichte spielt im „Wissensgebiet Analysis“. Wissen entsteht durch die Begegnung mit der Landschaft: Eine Art „Landkarte“ entsteht im Kopf des Lernenden. Mit der Landkarte als Inhaltsverzeichnis greift der Comic einen konstruktivistischen Grundgedanken auf: „Bildung“ ist die Bildung von Landkarten im Kopf.[5] Der Leser begeht die Landschaft und konstruiert eine „Landkarte“ von dem Wissensgebiet Analysis, d. h., er lernt oder bildet sich, wie man auch immer die innere Konstruktion von Landkarten nennen mag. Die Landschaft selbst ist unerschöpflich, man wird niemals das ganze Gebiet erforschen können. Allerdings werden die Landkarten mit zunehmendem Wissen exakter und exakter.

Der vorliegende Comic zeigt *einen* Weg auf, das Wissensgebiet der Analysis zu begehen. Die Gefahr, dass der Comic dabei selbst für das Wissensgebiet (die Analysis) gehalten wird, ist viel geringer als die Gefahr, dass das Schulbuch für Mathematik gehalten wird.
Auf dem Cover krabbelt Frederik aus der Oberflächlichkeit des Schulheftes heraus. Er blickt mit einem Fernglas auf das Land Analysien – eine Anspielung darauf, dass alles Erleben, alle Wahrnehmung und alle Beschreibungen prinzipiell nur subjektiv sein können. Frederiks Sichtweise ist nicht *die* Betrachtung der Mathematik, sondern *eine* mögliche Betrachtung.

Zwei Sichtweisen

Frederik betritt zusammen mit dem Leser das Gebiet. Beide schauen vereint auf das unerforschte Land. So nimmt der Leser zwei Blickwinkel ein: Einmal schaut er direkt auf das Wissensgebiet, einmal durch die Brille von Frederik.

Dadurch kann er Dinge sehen, die Frederik nicht oder noch nicht wahrnehmen kann. Beispielsweise kennt der Leser auf Seite 32 die Gesamtsituation, während Frederik im Dunkeln tappt und nur lokal Täler und Hügel ertastet.

---

5 Siehe auch: Martin Kramer: *Unterricht ist Kommunikation – der Schüler entscheidet, was gelehrt wurde,* Band I: Konstruktion von Wissen, Schneider Verlag Hohengehren, 2016.

Die Figur Frederik

Frederiks Gestalt lehnt sich an das typische „f" einer Funktion an. Er ist irgendwie liebenswert, obwohl er weder stark noch clever ist. Frederik ist kein Lehrer, er wird nicht beschult, ihm widerfährt die Mathematik auf seinen Wegen durch Analysien. Seine Umwelt lässt ihn gleichsam etwas erleben, was der Leser von außen mathematisch betrachtet. Frederik selbst ist meist gar nicht klar, dass es in seiner Welt um Mathematik geht.

In der Geschichte hat Frederik ein Laster: Er ist Raucher. Die Entscheidung zu treffen, ob Frederik in einem Lehrbuch Raucher bleiben darf, war nicht einfach. Rauchen ist ungesund. Auf der anderen Seite erzählt ein Schüler die Geschichte. Und der Comic ist neben mathematischen Inhalten ein Kunstgegenstand und es erscheint mir äußerst fragwürdig, ob es sinnvoll ist, dem guten Frederik die Zigarette zu entfernen, vielleicht sogar noch weitere seiner Handlungen, immer dort, wo er Grenzen übertritt. Etwa sein Fahrstil oder sein verantwortungsloses Skifahren ohne Licht in der Nacht. Nimmt man alles „Schräge" heraus, bleibt eine bereinigte Pädagogik übrig, die – aus Sicht der Erwachsenenwelt – vernünftig ist, aber auch nur das. Der Schüler würde nicht ganz ernst genommen werden, seine Sichtweise müsste noch korrigiert werden. Der Comic würde brav werden und die Welt des Schülers nicht mehr „ab-bilden". Somit darf Frederik Frederik bleiben. So wie er „gezeichnet" wurde. Die Gefahr wäre zu groß, dass der Comic „verschult" wird. Die Gefahr hingegen, mit der langsam denkenden Gestalt Frederik für das Rauchen zu werben, scheint mir im Vergleich zu der berühmten Figur Lucky Luke gering.

Anfang des Jahres 2017 – gut 10 Jahre nach seinem Entstehen – erscheint der Comic nun endlich. Marlin van Soest hat sein Abitur bestanden.

Dank

Wieder und wieder habe ich das große Glück, mit Menschen zusammenarbeiten zu dürfen, die ich kenne und schätze und die die Sache an sich kennen und schätzen. Korrektur gelesen haben Gesine Bechtloff und Marcella Winter; mit Prof. Dr. Wolfgang Soergel hatte ich manches ernst-vernügliche Gespräch über die Darstellung fachlicher Inhalte. Viele meiner Mitarbeiter in der Didaktik haben einen Blick auf Cover und Text geworfen. Ihnen allen ein herzliches Dankeschön für die konstruktive Kritik. Mein Dank gilt weiter dem Verlag, einerseits für den Mut, den Comic herauszugeben, und andererseits ganz konkret Dr. Gabriela Holzmann für die angenehme Zusammenarbeit.

Last but not least möchte ich an dieser Stelle Marlin van Soest danken. Seine Sicht auf den Comic als Medium war für mich sehr lehrreich und ich denke gerne an gelungene Abende der Entstehung zurück. Von seiner Welt aus betrachtet muss es ebenso verrückt sein, sich auf ein mathematisches Abenteuer einzulassen, wie für mich das Eintauchen in die Welt des Comics.

Tübingen, im August 2016

Autor und Illustrator

Martin Kramer, geb. 1973, ist Vater, Theaterpädagoge (Bundesverband Theaterpädagogik) und hat eine Zusatzausbildung in Kommunikationspsychologie (Schulz von Thun Institut). Von 2012 – 2018 war er Leiter der Abteilung für Didaktik der Mathematik an der *Universität Freiburg* (Robert-Boyle-Preis 2015). Davor unterrichtete er Mathematik und Physik am Gymnasium. Seit 2017 ist er im Beirat der Stiftung Rechnen. Grundlegend ist seine systemisch-konstruktivistische Haltung. Er hat zahlreiche Bücher zur professionellen Umsetzung von handlungsorientierter Pädagogik veröffentlicht. Informationen zum Konzept, zu erlebnisorientierten Lehrerfortbildungen, interaktiven Vorträgen und Publikationen unter **www.unterricht-als-abenteuer.de**

Marlin van Soest, geb. 1988 in Tübingen, studierte Illustration an der HAW Hamburg und arbeitet als freiberuflicher Illustrator. Neben zahlreichen Publikationen im Eigenverlag gibt er Workshops im In- und Ausland und unterrichtet das Fach Comic. Als frischgebackener Familienvater wohnt er mit Frau und Kind in Hamburg.
Weitere Informationen unter **www.marlinvansoest.de**

Danke an Kathrin Klingner für Ihre Geduld.
Marlin van Soest

N
W
E
S
ANALY